U0255575

Wondere Wereld. Meer over het weer written and illustrated by Mack van Gageldonk

Original title: *Wondere wereld. Meer over het weer*

First published in Belgium and the Netherlands in 2015 by Clavis Uitgeverij, Hasselt - Amsterdam - New York

Text and illustrations copyright © 2015 Clavis Uitgeverij, Hasselt - Amsterdam - New York

All rights reserved

本书中文简体版经比利时克莱维斯出版社授权，由中国大百科全书出版社出版。

图书在版编目（CIP）数据

百变天气／（荷）马克·范·加盖尔东克著；张木天译．—北京：中国大百科全书出版社，2018.1

（涂鸦地球）

ISBN 978-7-5202-0225-1

Ⅰ．①百… Ⅱ．①马… ②张… Ⅲ．①天气—儿童读物 Ⅳ．① P44-49

中国版本图书馆 CIP 数据核字（2018）第 006400 号

图字：01-2017-9085 号

责任编辑：杨淑霞 王文立
责任印制：邹景峰
出版发行：中国大百科全书出版社
地　　址：北京阜成门北大街 17 号
邮　　编：100037
网　　址：http://www.ecph.com.cn
电　　话：010-88390718
印　　刷：北京市十月印刷有限公司
印　　数：1～8000 册
印　　张：6
开　　本：889mm×1194mm　1/12
版　　次：2018 年 1 月第 1 版
印　　次：2018 年 1 月第 1 次印刷
书　　号：ISBN 978-7-5202-0225-1
定　　价：46.00 元

涂鸦地球

百变天气

［荷］马克·范·加盖尔东克 / 著

张木天 / 译

中国大百科全书出版社

风 和 雨

风平浪静

如果你静下心来，就可以听到大自然的声音。你听见叶子的"沙沙"摇摆了吗？那是风吹过的声音。有时风很大，"呜呜"直响，有时又非常轻柔。风停了，你就一点儿动静也听不到啦！这时，树枝不再摇晃，水面上也没有一丝波纹。平静无风的时候，湖面光滑得好像一面镜子。

热气球借助风的力量飞行。没风的时候，这些热气球只能向上飘，没法儿往前走。看起来真是有趣极了！

哪些风向标指的是同一个方向呢？

徐徐清风

徐徐吹动的风又叫微风。动物和植物都很喜欢阵阵微风带来的清凉感觉。微风吹过，将花的种子散播到各处。这些种子飘落到地面，在一个新的地方生根发芽，然后开出一朵朵美丽的花儿。小风车也很喜欢徐徐清风的吹拂呢，如果没有风，它们就转不起来啦！

滑翔机没有发动机也能在天空飞翔，它们靠的是风的力量。是不是很奇妙呢？

哪几株小草在随着微风摇摇晃晃？

大 风

外面狂风大作的时候，行走就会变得很艰难。大风拍打着你的身体，就连站直了都不是一件容易的事。当风变得更大时，你甚至可能被刮得东倒西歪。你努力倾斜着身子往前走，却又被风推了回来。不过要小心，狂风有时会突然停下来，你会因为重心不稳，"扑通"一声摔个大马趴！

刮大风的时候，晾衣绳上挂着的
衣服会被吹得"噼啪"乱响，有
时甚至会被刮跑！

你觉得谁会不太喜欢大风天？

暴风雨

当风大到让你没办法站稳的时候，估计就是遇上暴风雨天气了。一般来说，暴风雨来临前，它会先跟你打声招呼：天色先变得越来越暗，接着大雨就会劈头盖脸地浇下来，风也会越来越大。雨伞和树枝被刮到空中，到处乱飞。好危险呀！如果暴风雨要来了，最好还是乖乖地待在家里吧！

雨伞和树枝漫天飞舞。

暴风雨把什么刮跑了？

沙尘暴

沙漠里也会刮起大风。 沙土被风吹得四处飞扬，形成巨大的沙尘。沙尘呼啸而过，给它经过的地方都盖上一层厚厚的黄沙。当沙尘滚滚袭来的时候，人们纷纷逃回家去。没有人愿意在沙尘漫天的时候出门。大家都选择老老实实地待在家里，祈祷着风沙千万别从门缝里钻进来！

快看，什么动物被沙土盖住了？

飓 风

暴风雨来临时，你的帽子可能会被大风吹跑，树枝也可能被风刮下来打到你。飓风比暴风雨还要吓人。飓风是暴风雨的升级版，它能在短短几秒的时间里将一棵大树甚至一排大树连根拔起。飓风会在海中掀起很高的浪，有时候就连高高的灯塔都会被巨浪吞没。不过飓风只会在地球上的部分地区出现。

飓风能够摧毁房屋。

飓风都弄坏了哪些东西?

龙 卷 风

龙卷风是一种旋风。当龙卷风来临时，风会像旋涡一样转起来。就像旋转木马，龙卷风一开始转得并不快，而后不断加速，越转越快。你可以观察到龙卷风中心飞速旋转着的风，看起来就像是一个在空中的旋涡。龙卷风会将它所经之处的东西都吸进来，比如汽车、房屋、轮船……任何东西！简直像一个巨大的吸尘器。值得庆幸的是，龙卷风只是偶尔才会出现一次。

哪个龙卷风吸起来的海水最多？

雾

云通常都高高地飘浮在天上，但有时它们也会低低地落下，停留在地面上。这种落入凡尘的"云"就叫作雾。雾蒙蒙的地方总显得非常神秘，看起来像是童话故事里的仙境一样！但当你开车或骑车的时候，雾气弥漫可就没那么美好了。你很难在大雾天看清前方的东西，这时候开车可一定要注意减速慢行哟！

在浓雾中，奶牛看起来就
像是飘在云上！

雾里都有哪些动物？

露

清晨，当太阳刚刚升起，草地仍有些潮湿的时候，你就有机会看到露的形成。草叶上挂着的那一颗颗水珠就是露珠。我们常常会在草叶上看到露珠，其实露珠也会出现在花朵、蘑菇……蜘蛛网上！快来仔细瞧一瞧这个蜘蛛网，它看起来就像是用一粒粒细小的珍珠编织的。这些"珍珠"其实都是在阳光下闪闪发光的露珠，是不是很美呀？

哪些花上有露珠呢？

毛 毛 雨

雨是从云里掉下来的水滴。不过，雨点并不都一样大。有时候雨点小得几乎看不见，这种雨就叫毛毛雨。毛毛雨实在是太小了，经常还没落到地上就已经蒸发、消失了。绵羊可不怕下雨天，这样的毛毛细雨对它们来说是小菜一碟。有了身上那厚厚的羊绒，它们几乎觉察不到这些小雨滴！

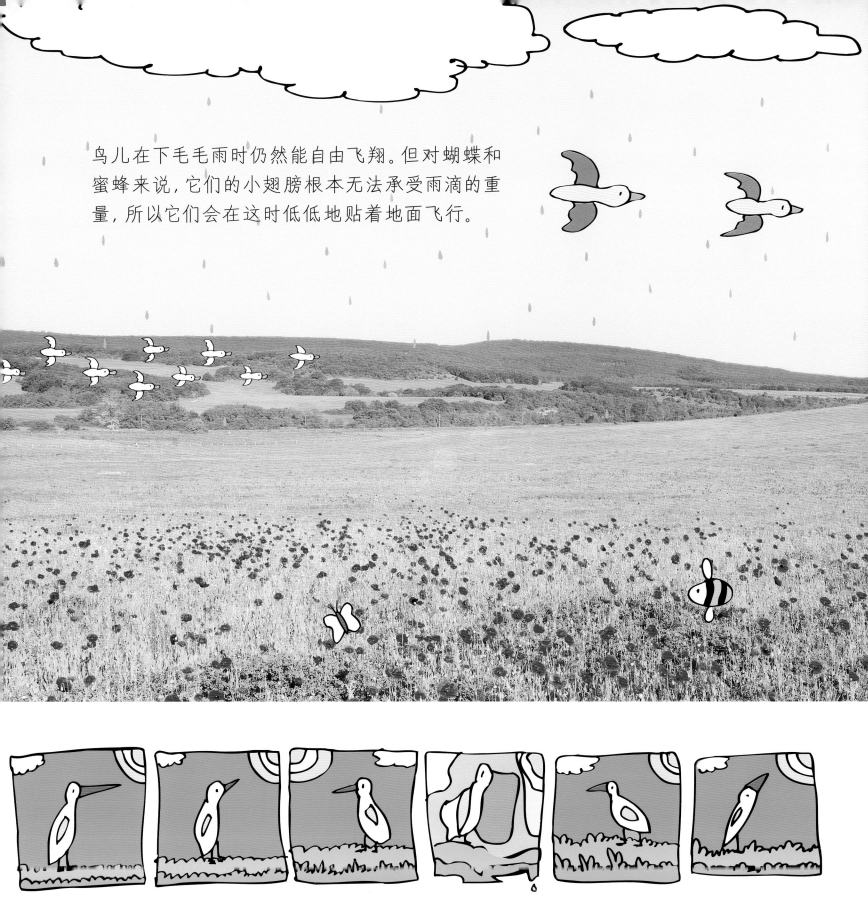

鸟儿在下毛毛雨时仍然能自由飞翔。但对蝴蝶和蜜蜂来说，它们的小翅膀根本无法承受雨滴的重量，所以它们会在这时低低地贴着地面飞行。

哪幅画被毛毛雨打湿了？

阵　雨

突如其来的阵雨能将你淋个痛快。豆大的雨点从云层中坠落下来，不一会儿地面上就出现了许多小水洼。并不是所有人都喜欢被雨水浇湿的感觉哟！你可以选择躲在伞下，也可以选择站在雨中，让雨点抚摸你，穿着雨鞋踩踩小水洼！

如果你看到蜗牛
在路上爬啊爬,可
能就快下雨啦!

哪头大象应该在阵雨中洗个澡呢?

倾盆大雨

有些雨来得十分猛烈。当雨下得很大很大的时候，我们通常叫它倾盆大雨。如果你看到远处有厚厚的乌云压过来，出门时最好带上一把伞，因为一场大雨就要降临啦！在这样的大雨中，即使你只有一分钟没打伞，也会跟接受洗车服务的汽车一样，浑身被浇个透。

聪明的小动物会在下大雨时找
个地方避雨。

哪只小狗没有被雨淋到？

冷和热

霜

冬天外面会变得特别冷，于是人们纷纷戴上了暖和的帽子。水汽遇冷后冻结成的小小冰晶就叫作霜。结霜的时候，远远望去，大地像洒了一层白糖。蔚蓝的天空、皑皑的白雪加上漂亮的"糖霜树"，共同构成一幅美丽的冬日风景画。

哪些能帮你保暖，哪些不能呢？

天寒地冻的日子，水会结成冰。当天气越来越冷，这些冰冻结实了，人们就可以放心大胆地站在上面，甚至溜起冰来！这时候，水沟、湖和河全都变成了天然的溜冰场。不过溜冰可没你想象的那么简单。冰面光溜溜的，对初学者来说，摔几个大马趴是再正常不过的事了。不过，一旦掌握了技巧，你就可以自如地在冰上滑行，这感觉真是太棒啦！你还可以在冰面转圈，尝试一下单脚旋转！

滑冰很有趣，但刚
开始学的时候真的
好难呀！

哪个小水洼还没有结冰呢？

冰花和冰柱

天气寒冷，玻璃窗上有时会结出美丽的冰花来。这些冰花只"开"在朝向屋里的那一面玻璃上。这是因为屋外的冷空气会让玻璃变得冰冷，当屋里的水汽碰到冰冷的玻璃时，会迅速凝结成冰晶。然后，这些冰晶又使周围的水汽继续凝结。就这样，一幅由一层层冰花构成的精美画作就出现在窗户上啦！

冰天雪地的室外另有一番奇妙的美景——冰柱！快看，冰霜将这辆汽车变成了一座大冰雕！

冰柱底下都藏着什么？

大雪

天气暖和的时候，从云里降下来的是雨。但当天气越来越冷，雨就会变成洁白的雪花从空中飘落。有时，雪花落到地面后很快就融化了。但当天气足够冷的时候，雪就不会融化，还能形成大片积雪。小鸟不太喜欢冬天，因为在这样的大雪天里，它们什么吃的都找不着。所以，你可以在冬天为鸟儿做一个鸟食器，帮它们度过这段难挨的时光。

你可以用雪堆一个可爱的雪人，或者团个大雪球，来一场刺激的打雪仗。

都有哪些动物藏在雪地里呢？

冰雹

天冷时，雨会变成雪或者冰雹。雪轻盈、柔软、蓬松，而冰雹则沉甸甸、硬邦邦的。冰雹有时很小，小到你可能都觉察不到；但它有时也能变成网球那么大。要是有一块这么大的冰雹砸到你头上的话，那可是相当痛的！所以你就能明白为什么花朵和水果都不喜欢冰雹了。一场来势汹汹的冰雹会把果园里的苹果全部砸烂。可真是个危险的狠角色啊！

狐獴通常生活在温暖的地方。这样疯狂
的冰雹天它们还是头一回见!

哪些花被冰雹砸坏了?

暴 风 雪

雪花常常静悄悄地从天而降。但当你发现雪变得又大又多，被狂风吹得四处乱飞的时候，你可能已经处在一场暴风雪中了。暴风雪远观好像很美，但如果走进其中，一切可就没那么好玩了。纷飞的雪粒打在脸上，又冷又疼。如果这时候你没把外套系紧的话，身子也会很快被雪打湿："嘶——好冷啊！"

鹿很不喜欢暴风雪天气。它们在这密匝匝的、狂暴的大雪中根本看不见对方。"妈妈，妈妈，您在哪里呀？"

哪只羊的鼻子将会变得湿漉漉的？

冰雪消融

当外面的天气没那么冷时，池塘里的冰开始融化，积雪也在一点点消失。冰雪消融的时候到啦！对于天鹅和其他生活在水里的动物来说，冰雪消融就意味着它们的欢乐时光又回来了。冰变得越来越薄，冰面也越缩越小，终于露出了一汪清凉的水，这些动物们又能自由自在地游泳啦！天鹅立刻在水里寻找起食物来，它们实在是太饿了。

谁还在冰块上呢？

多变的天气

黑压压的乌云布满了天空。可是你看，太阳正穿透云层努力地发着光呢！今天沙滩上是个大晴天吗？还是快要下雨了？你觉得会是什么天气呢？老天似乎还没决定好哟！天气总是千变万化的。有的时候，你刚用沙子堆起一座漂亮的城堡，一场大雨就把它冲垮了。还有的时候，你刚找出毛衣套在身上，太阳又淘气地冒了出来。多变的天气真是太有意思了，因为你永远都不知道下一秒它会变成什么样！

这一边，鸟儿正冒着雨艰难地飞着；那一边，蝴蝶却在灿烂的阳光下轻快地扑闪着翅膀……天气又在玩把戏了！

谁喜欢晒太阳，谁又喜欢被细雨打湿的感觉呢？

风 和 日 丽

太阳高高地挂在天上，天气变得温暖舒适。我们终于可以把厚厚的毛衣收进衣柜里，开开心心地出门玩耍啦！你可以去沙滩上散步，可以去操场上运动一下，或者到花园里和朋友们玩玩捉迷藏。大多数动物很喜欢阳光。快看，这些鸟儿正在洗凉水澡呢，真舒服呀！当觉得太晒了的时候，你也可以找个阴凉的地方休息一会儿。

哪只小鸟有点儿怕水呢?

热 浪

哎哟！夏天有时候热得就像是在蒸笼里一样。云朵好像都跑去度假了，一丝风都没有。如果连续五天气温都很高，人们就会说"热浪来袭"。这时候，骄阳似火，很多人都忙着找个凉快的地方避暑。有些人选择撑上遮阳伞，另一些人会去海里游泳。看，这个男孩正在往水里跳。"哗啦"——好凉爽啊！

哪只熊不喜欢热浪？

云和光

绵羊云朵

云朵有时候看起来就像是飘浮在天空中的棉花糖，有着不同的形状和颜色。有些云大块大块的、灰蒙蒙的，会为我们带来雨水；还有些云白白的、小小的，这时天气通常干爽舒适。有人给这些洁白的云取了个可爱的名字——绵羊云朵，因为它们看起来和绵羊有点儿像。当你用心去观察这些云时，会发现它们的形状很特别：喏，这朵云看起来像不像一位骑士手握着利剑？还是像一条在空中翻腾的龙？云朵真是太有趣啦！

云朵都像什么呢？

雷雨云

有时，原本蔚蓝的天空会突然变得昏暗起来——那是因为大片的雷雨云聚集在了天上。这时你最好赶紧跑到屋里去，因为这些雷雨云可一点儿也不友善！片刻之间，伴随着"噼里啪啦"的闪电或是"轰隆隆"的打雷声，天上就落下了雨点或冰雹，也有可能在电闪雷鸣的同时，大雨和冰雹一起砸了下来。雷雨云的脾气可真不小啊，不过却很刺激呢！

哪团云是雷雨云？

晚 霞

傍晚时分，太阳不再高高地挂在天上。它一点一点、慢慢地下落，像是要在天空中作画。整个天空不断变换着颜色。起初还是蓝汪汪的，随后就变成了金灿灿的，最后漫天都变得红彤彤的。天上的云朵也会跟着变色，这时候的天空真是漂亮极了！只有当太阳真正落山后，五彩缤纷的晚霞才会完全消失，黑漆漆的夜终于要登场啦！

哪个是落日呢？

极 光

地球上只有两个地方能在夜晚时分上演最华丽的光的表演。光就像在天空中跳舞一样，不断变换着颜色和形状：时而像一道绿色的帷幕，时而又像五颜六色的巨浪。极光的颜色千变万化：白色、橘色、红色、蓝色、粉色……这种神秘的表演只会在地球上最冷的两极地区——北极和南极出现。

哪几部分极光完全一样?

雷暴

先是一道白光闪过，随后是震耳欲聋的雷声。一场雷暴就这样来了！云朵像是被激怒了一样，将天空变得黑暗恐怖，制造出比上百只雄狮一起怒吼还要吓人的声响。乌云密布的天空中，突然射出一道白亮亮的闪电，寻找着地面上最高的地方劈下来。在这样的雷暴天里，一定记住：不要站在树下。因为树常常就是闪电要找的那个最高点，会首先被击中。闪电虽然看起来很漂亮，却也是非常危险的。这时出门可要小心！

哪座建筑被闪电击中了？

彩 虹

雨后，天空中常常会出现一道拱形的美丽彩虹。光由许多种不同的颜色组成，只是我们的眼睛很难直接看到这些颜色。但当光照在水滴上时，这些颜色就被水滴分了出来，形成了彩虹。彩虹一般有七种颜色，最外面一圈是红色，然后从外到内依次是橙色、黄色、绿色、蓝色、靛青色，最里面一圈是紫色。下次天空中出现彩虹时，你可以仔细看一看：彩虹的颜色永远都是按这个顺序排列的。

瀑布前有时也能看到彩虹。

哪道彩虹的颜色顺序是正确的？

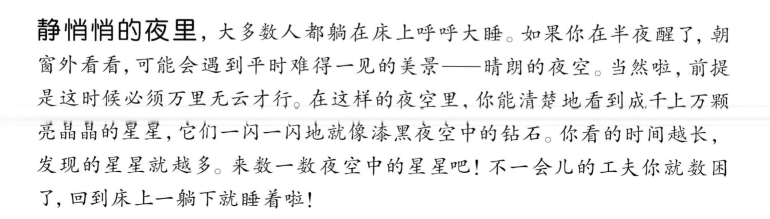

晴朗的夜空

静悄悄的夜里，大多数人都躺在床上呼呼大睡。如果你在半夜醒了，朝窗外看看，可能会遇到平时难得一见的美景——晴朗的夜空。当然啦，前提是这时候必须万里无云才行。在这样的夜空里，你能清楚地看到成千上万颗亮晶晶的星星，它们一闪一闪地就像漆黑夜空中的钻石。你看的时间越长，发现的星星就越多。来数一数夜空中的星星吧！不一会儿的工夫你就数困了，回到床上一躺下就睡着啦！

星星连成的图案中，哪个有点儿像一口锅？

更多天气小知识

各种天气现象为大自然创作了不少美丽的艺术品。图上这座拱门可不是出自雕塑家之手，而是被风、沙和水雕刻出来的！如果一块石头长年累月受到风吹日晒，它表面的一些细小物质就会一点点被风带走。成千上万年后，这块石头就与它最初的样子相差了十万八千里。天气是个多才的艺术家，擅长创作不同风格的作品。比如，当它把水冻成冰时，就创造出了晶莹剔透的冰柱，甚至是一座壮观的冰雪城堡！

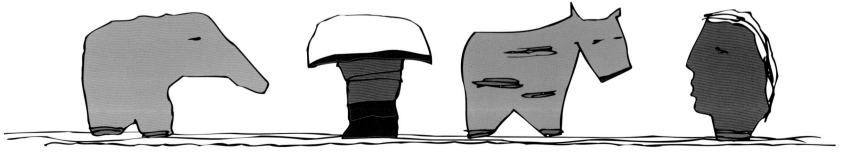

这些被风雕刻过的石头看起来分别像什么呢？

天气和植物

植物的生长需要阳光和水，而天气的变化正好满足了它们的需求。如果有一段时间没下雨，花儿就会显得蔫头耷脑的，因为它们实在太渴了。秋天来临，天气会渐渐变冷，日照时间越来越短，树叶也会慢慢变色，最终从树枝上落下来。几个月后，春天来了，天气转暖，树枝上长出了新鲜的嫩叶，花朵也纷纷绽放。远远望去，田野就像铺上了一块彩色的大毯子。

哪些花急需一场雨呢？

天气和动物

很多动物根本不需要天气预报。它们自己就能准确预知天气的变化。在第一道闪电出现之前，大象就知道一场暴风雨要来了，因为它们能听到远在几千米外的雷声。是不是很厉害？如果一群大象在住的地方找不到足够的水喝，它们就会一齐朝着雷声隆隆的地方奔去，因为那里马上会有一场大暴雨，能让它们喝个痛快！

燕子飞得高，
天气晴又好；
燕子飞得低，
天气真糟糕。

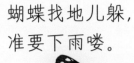

蝴蝶找地儿躲，
准要下雨喽。

蜜蜂嗡嗡飞，
天气坏不了。

公鸡午后叫，
雨水马上到。

青蛙呱呱叫，
天气真是好。

哪些蜜蜂预示着好天气呢？